BEI GRIN MACHT SICH IHR WISSEN BEZAHLT

- Wir veröffentlichen Ihre Hausarbeit,
  Bachelor- und Masterarbeit

- Ihr eigenes eBook und Buch -
  weltweit in allen wichtigen Shops

- Verdienen Sie an jedem Verkauf

Jetzt bei www.GRIN.com hochladen
und kostenlos publizieren

Antje Minde

Die Bedeutung des Einstiegs im Erdkundeunterricht

Am Beispiel ausgewählter Migrationstypen

GRIN Verlag

Bibliografische Information der Deutschen Nationalbibliothek:

Die Deutsche Bibliothek verzeichnet diese Publikation in der Deutschen National-
bibliografie; detaillierte bibliografische Daten sind im Internet über http://dnb.d-
nb.de/ abrufbar.

Impressum:

Copyright © 2009 GRIN Verlag GmbH
Druck und Bindung: Books on Demand GmbH, Norderstedt Germany
ISBN: 978-3-640-31794-3

Dieses Buch bei GRIN:

http://www.grin.com/de/e-book/126018/die-bedeutung-des-einstiegs-im-erdkunde-
unterricht

Schriftliche Hausarbeit im Fach Erdkunde zur

Zweiten Staatsprüfung in Schleswig-Holstein für das Lehramt an Gymnasien

Die Bedeutung verschiedener Einstiegsformen im Erdkundeunterricht am Beispiel ausgewählter Migrationstypen

vorgelegt von

Antje Minde

(Stud. Ref.`), 3. Semester

Marne, 16. Januar 2009

Inhaltsverzeichnis

1. PROBLEMSTELLUNG

1.1 Thema

Die vorliegende Hausarbeit „Die Bedeutung verschiedener Einstiegsformen im Geographieunterricht am Beispiel ausgewählter Migrationstypen" basiert auf einer neunstündigen Unterrichtseinheit (UE) in meinem Grundkurs Geographie des 12. Jahrgangs. Die Einheit umfasst drei Mi-grationstypen: hochqualifizierte ausländische Fachkräfte, afrikanische Flüchtlinge und vertriebene Deutsche nach dem Zweiten Weltkrieg. Der Fokus liegt dabei auf den jeweiligen Einstiegen, welche ich im Rahmen meiner Hausarbeit hinsichtlich ihrer Funktionen untersuchen werde.

1.2 Bezug zum Modul

Inhaltlich nimmt die Hausarbeit Bezug zu dem Modul „Medieneinsatz im Erdkundeunterricht des Gymnasiums" (GY-ERD-B1), in welchem die Vielzahl an Medien benannt und erläutert worden ist. Die Differenzierung in verschiedene Kategorien führte bei mir zu der Frage, ob diese unterschiedlichen Medien zum einen diversifizierende Funktionen besitzen und zum anderen inwiefern sie von den Schülern bewertet werden. Um diese zu beantworten, entschied ich mich für einen Film sowie personale und graphische Medien, die ich in meine Eröffnungsphasen integriert habe.

Vier Aspekte sind beim Medieneinsatz unabdingbar; jedes Medium muss fachlich korrekt, altersgemäß, anschaulich und aktuell sein. Bei der Konzeption der Einstiege bin ich diesen Kriterien gerecht geworden, indem ich unter Bezugnahme auf die Lerngruppe und ihren Vorkennt- nissen sowie den allgemeinen Rahmenbedingungen die drei Medien ausgewählt habe.

1.3 Bezug zu den Ausbildungsstandards

Neben den Angaben im Lehrplan sind die allgemeinen[1] (AAS) und fachspezifischen Ausbildungsstandards[2] (FAS) für die Lehrkraft verbindlich.

Die Einheit greift das Thema „Migration in Europa" auf, das im Lehrplan für 12.1[3] verbindlich ist (AAS 1), und basiert auf einem schüleraktivierenden (AAS 5) und nach den Aspekten der Lernkompetenz gestalteten (AAS 4) Konzept. Dies erlaubt, dass

---

[1] Vgl. Ministerium für Bildung und Frauen des Landes Schleswig-Holstein (2005), S. 11f.

[2] Vgl. IQSH: Fachspezifische Ausbildungsstandards Erdkunde/Wirtschaftsgeographie.

[3] Vgl. Ministerium für Bildung, Wissenschaft, Forschung und Kultur des Landes Schleswig-Holstein (2002), S. 38.

die Schüler[4] durch unterschiedliche Sozialformen (AAS 31) selbstständig den Unterrichtsgegenstand erschließen und somit Verantwortung für den eigenen Lernprozess übernehmen (AAS 30). Sowohl bei dem Unterrichtsinhalt „Hochqualifizierte Migranten" als auch bei den „Afrikanischen Flüchtlingen" gehören zu den zentralen Methoden Gruppenarbeitsphasen, deren Ziel es ist, Maßnahmen und Strategien zu entwickeln, um die jeweiligen Migranten zu unterstützen. Der Komplex „Deutsche Vertriebene" wird u.a. durch eine Zeitzeugenbefragung[5] entschlüsselt, die insbesondere die Sozialkompetenz stärkt. Die Schüler werden sich im Gespräch mit den Erfahrungen des Zeitzeugen ausein- andersetzen und zugleich neue Erkenntnisse gewinnen.

Da das Ziel meiner Arbeit ist, Einstiegstypen zu evaluieren, liegt ein weiterer Schwerpunkt auf dem Standard AAS 11 („Die Lehrkraft i.A. setzt Medien funktional ein"). Für die Eröffnungsphasen habe ich abstrakte und konkret-anschauliche Medien gewählt, die es mir ermöglichen, ihre Funktion für den weiteren Unterrichtsverlauf zu bestimmen. Dies erlaubt mir zugleich unter Einbeziehung der Lerngruppe, meinen Unterricht gemäß AAS 14 zu evaluieren.

Der Einsatz der Medien fördert den reflektierten Umgang der Schüler mit diesen, indem sie „geographisch/wirtschaftsgeographisch relevante Informationen zielgerichtet und aufgabenbezogen gewinnen, verarbeiten, präsentieren und bewerten" (FAS 6). Meine UE beinhaltet handlungsorientierte Methoden, die es der Lerngruppe ermöglichen, die Thematik „Migration in Europa" zu erfassen und demgemäß eine eigene Handlungskompetenz aufzubauen (FAS 7). Somit erweitern sie ihre Allgemeinbildung, indem sie wissenschaftspropädeutisch arbeiten und dergestalt ihre Studier- und Berufsfähigkeit optimieren (FAS 17).

1.4 Leitfragen und Zielvorstellungen

Der Einstieg in die Unterrichtsstunde ist „kein Aufhänger, der die Schüler nur emotional mobilisieren soll [...], sondern die Exposition des Themas, aus dem sich die Perspektiven für seine Erarbeitung ergeben"[6]. Demgemäß gilt es, der Eröffnungsphase bei der Konzeption einer UE besondere Aufmerksamkeit zu schenken, weil sie „nicht nur den Lernprozess initiiert, sondern auch den didaktisch-methodischen Leitfaden

---

[4] Im Folgenden verwende ich den Begriff „Schüler" als geschlechtsneutrale Gruppenbezeichnung.
[5] Bei dem Zeitzeugen handelt es sich um Lothar Dufke, der 1935 in Königsberg geboren und dort 1945 von den Russen vertrieben wurde. Ich habe mich bewusst für Herrn Dufke entschieden, da er als Vorsitzender des Kreisverbandes der vertriebenen Deutschen in Dithmarschen des Öfteren Vorträge über die damalige Vertreibung hält und entsprechend auch mit persönlichen Fragen zu diesem Komplex umgehen kann. Des Weiteren hat er selbst als Lehrer und später als Studienrat gearbeitet, sodass er für den Umgang mit Schülern prädestiniert ist. Auf der Homepage http://heimat-hier-und-dort.de ist sein Lebensweg nachzulesen.
[6] Buske (2007), S. 60.

spannt, der den ganzen Unterricht durchzieht"[7]. Hilbert Meyer bezeichnet den Einstieg als „Schlüsselszene, von der aus das ganze Lerngebiet erschlossen werden kann"[8]. Ein gelungener Einstieg offenbart den Stundenverlauf, da er auf einer Zielorientierung basiert. Um dies zu gewährleisten, muss die Annäherung an den Unterrichtsgegenstand so konzipiert sein, dass die Neugier und die Problemorientierung der Schüler geweckt werden. Probleme bilden aus didaktischer Sicht die Basis für Lernprozesse, da sie die Lernenden zu einer Kompetenzerweiterung hinsichtlich ihrer Fähigkeiten stimulieren[9]. Sie entwickeln in der Eröffnungsphase Kernfragen, die im weiteren Geschehen beantwortet werden. Beinhaltet ein Einstieg solch einen Anreiz, obsiegt die Selbst- gegenüber der Fremdbestimmung der Schüler, woraus ein hohes Maß an Lernmotivation resultiert. Voraussetzung hierfür ist, dass der Einstieg sich an den Vorkenntnissen der Lerngruppe orientiert und einen Lebensweltbezug offenbart.[10]

Diesen Anforderungen habe ich bei der Konzeption meiner Eröffnungsphasen versucht Rechnung zu tragen und möchte nun die Relevanz des Einstieges aus Schülersicht untersuchen. Dabei wird der Kurs im Anschluss an die Einheit die zu den Migrationstypen entwickelten Einstiege hinsichtlich ihrer Funktion für den weiteren Unterrichtsverlauf bewerten. Zudem möchte ich evaluieren, ob die in der Eröffnungsphase gewählte Medienform Einfluss auf die Problemorientierung der Schüler besitzt. Aus diesen Zielvorstellungen ergeben sich folgende Leitfragen:

1) *Welche Relevanz hat der Einstieg im Geographieunterricht für die Unterrichtsstunde aus Schülersicht?*

2) *Inwiefern besitzt der für den Einstieg gewählte Medientyp Einfluss auf die Problemorientierung der Schüler?*

---

[7] Ebd., S. 63.
[8] Meyer (2000), S. 131.
[9] Vgl. Budke (2007), S. 5.
[10] Vgl. Buske (2007), S. 58ff.

2. UNTERRICHTSPRAXIS

2.1 Anmerkungen zur Lerngruppe

Seit Beginn des Schuljahres 2008/09 unterrichte ich den Grundkurs Geographie des 12. Jahrganges eigenverantwortlich mit zwei Wochenstunden. Die Lerngruppe setzt sich aus 11 Schülerinnen und 12 Schülern zusammen. In dem Kurs herrscht eine gute Lernatmosphäre, die aus einer regen Beteiligung resultiert. Der Großteil der Gruppe vermag es, Thematiken kritisch zu hinterfragen, sodass eine große Diskussionsfreudigkeit im Kurs zu erleben ist, die einen wichtigen Beitrag zum Erkenntniszuwachs leistet. Jedoch habe ich im Verlauf der zwölf Unterrichtswochen eine Heterogenität festgestellt, die sich in einer Leistungsspitze von fünf Schülern und einer leistungsschwachen Gruppe von vier Kursteilnehmern realisiert. Die leistungsstarken Schüler beteiligen sich nicht nur sehr regelmäßig, sondern bereichern durch fundierte Beiträge den Unterricht, während die andere Gruppe sich sehr zurückhaltend verhält und nie oder sehr selten, meist nur nach meiner Aufforderung, einen Teil zum Unterrichtsgeschehen beiträgt.

Hinsichtlich der Sozialformen zeigt die Gruppe eine große Aufgeschlossenheit gegenüber schüleraktivierenden Methoden, die ich in diesem Kurs bevorzugt einsetze, da die Schüler stets zu guten Ergebnissen gelangen und dem Unterricht auf diese Weise motiviert folgen. Entsprechend werde ich dieses Vorgehen auch bei dem Thema „Migration in Europa" beibehalten.

Die Geographiestunden weisen eine entspannte Arbeitsatmosphäre auf, die auf einem freundlichen Miteinander der Schüler untereinander als auch zwischen Kurs und Lehrkraft basiert.

2.2 Didaktische Überlegungen

Eine der bedeutendsten Prämissen des Geographieunterrichts lautet, „Lernende zu verantwortungsbewusstem Denken und Handeln in der Gesellschaft zu befähigen"[11]. Dieses Leitziel lässt sich durch die Thematik „Migration in Europa" sehr gut verfolgen, da die Bevölkerungswanderung von Millionen von Menschen eine Entwicklung ist, die unsere Gesellschaft und jeden von uns vor wichtige Herausforderungen stellt und problemorientiertes Denken und Handeln einfordert. Die Gegenwarts- und Zukunftsbedeutung des Themas ist den Schülern offensichtlich, da sie durch ihr eigenes Umfeld und die Medien mit diesem konfrontiert werden. Insofern ist es die Auf-

---

[11] Haubrich (2006), S. 74.

gabe des Faches Geographie, die Lernenden in ihrer Fähigkeit zu bestärken, die realen Folgen sozialer und politischer Raumstrukturen zu erläutern, indem sie sich mit den Ursachen, Gründen sowie Folgen der unterschiedlichen Migrationsformen auseinandersetzen (BSS: F3, S14)[12]. „Das Fach Erdkunde vermittelt den [...] Schülern Grundeinsichten und -fertigkeiten, damit sie sich sachkundig und verantwortungsbewusst in ihrer [...] sozialen Umwelt verhalten und an der Bewältigung von Gegenwartsproblemen und Zukunftsaufgaben beteiligen können".[13] Es ist erforderlich, dass ein sensibler Umgang mit der Situation der Migranten im Unterricht gefördert wird, der zu einem verständnisvollen und vorurteilsfreien Miteinander führt (Kernproblem 1 „Grundwerte"; Kernproblem 5 „Partizipation").

Migration ist kein neues Phänomen, das erst in unserem Zeitalter entstanden ist; allerdings hat es im Zuge der wachsenden Globalisierung in jüngster Vergangenheit in dem Maße zugenommen, dass wir tagtäglich mit ihm konfrontiert werden. Derzeit befinden sich ca. 191 Millionen Menschen außerhalb ihrer Heimat, allein in Deutschland leben rund 15 Millionen Bürger mit Migrationshintergrund.[14] Diese Tatsache ruft in der Bevölkerung und entsprechend auch auf Schülerseite eine Vielzahl an Fragen hervor, von denen ich im Unterricht die wichtigsten beantworten möchte: *Wer sind diese fremden Menschen? Woher stammen sie? Wieso haben sie ihre Heimat verlassen? Was erhoffen sie sich? Inwieweit kann man ihnen helfen?* Diese Fragen weisen auf die Problemeigenschaften des Themas hin und werden bei den Schülern durch die Unterrichtseinstiege erneut hervorgerufen, indem sie von den Lernenden selbst gestellt und im weiteren Verlauf bearbeitet werden.

Man spricht von Migration, wenn Personen für einen gewissen Zeitraum oder für immer ihre Heimat aufgeben und in ein neues Wohnumfeld ziehen, das sich in der eigenen Region, anderen Ländern oder auch Kontinenten befinden kann. Diese Wanderungen setzen Migrationsmotive voraus, die sich auf der ersten Stufe zwischen freiwillig und erzwungen differenzieren lassen. Darüber hinausgehend finden sich fünf Hauptursachen: Kriege/Naturkatastrophen, wirtschaftliche Not, politische/religiöse Verfolgung, soziale sowie individuelle Gründe.[15] In Hinblick auf die didaktische Reduktion habe ich mich für meine UE auf drei Migrationstypen beschränkt, die aufgrund ihres divergierenden Typus einen guten Überblick über das Spektrum der Migrationsformen geben. Die Einheit umfasst die Migration hochquali-

---

¹² Vgl. im Folgenden: Deutsche Gesellschaft für Geographie (2007), S. 13ff.
¹³ Ministerium für Bildung, Wissenschaft, Forschung und Kultur des Landes Schleswig-Holstein (2002), S. 15.
¹⁴ Vgl. Wochenschau Sek II (2007), S. 222.
¹⁵ Vgl. ebd., S. 223.

fizierter ausländischer Fachkräfte nach Deutschland, afrikanischer Flüchtlinge auf dem Weg nach Europa sowie die Vertreibung der Deutschen nach dem Zweiten Weltkrieg aus den Ostgebieten. Diese Auswahl ermöglicht es mir, von den angesprochenen fünf Migrationsursachen drei ausführlich zu behandeln, sodass sich die Schüler intensiv mit dem jeweiligen Typ befassen und nicht Gefahr laufen, nur einen groben Überblick zu erhalten, der einen diffusen Kenntnisstand über Migration hinterlässt.

Im Folgenden werde ich die drei gewählten Migrationstypen kurz vorstellen:

In den letzten Jahren lässt sich eine wachsende Abwanderung hochqualifizierter Fachkräfte aus Entwicklungsländern in Industrienationen wahrnehmen. Für Deutschland ist dieser Trend aufgrund seiner Bevölkerungsentwicklung positiv, da er zu einer Verjüngung der Altersstruktur, einer Verbesserung des Sozialproduktes sowie einer Zunahme der Konsumenten führt. Nachdem in der Einwanderungspolitik lange Zeit überaus streng verfahren wurde, entwickelte man im Jahr 2000 mit der deutschen Green Card ein Einwanderungsprogramm, mit welchem aus dem Ausland Fachkräfte angeworben wurden, die für fünf Jahre befristet in Deutschland arbeiten durften. 2005 wurde diese Regelung durch das Aufenthaltsgesetz abgelöst; seit dem Juli 2007 gilt nun das neue Zuwanderungsgesetz.[16] Um den Schülern zu verdeutlichen, dass Deutschland sich in einer gewissen Abhängigkeit von ausländischen Fachkräften befindet, habe ich mich dazu entschieden, diesen Komplex im Unterricht zu behandeln.[17] Die Lernenden müssen erkennen, dass der wirtschaftliche Strukturwandel zu veränderten Arbeitsbedingungen der Menschen führt, aus denen auch Bevölkerungswanderungen resultieren (Kernproblem 3 „Strukturwandel). Ich denke, es ist von fundamentaler Bedeutung, dass die Lerngruppe die Migration von hochqualifizierten Fachkräften als positiv für den Staat erkennt und nicht dem Vorurteil verfällt, dass diese Migranten Deutschland als soziales Auffangnetz betrachten. Der Unterrichtsinhalt dient dem Abbau von Vorurteilen gegenüber Menschen mit Migrationshintergrund und leistet somit einen wichtigen Beitrag hinsichtlich des Kernproblems 1 „Grundwerte". Gleichzeitig vollzieht sich bei den Schülern im Bereich der Beurteilung ein Kompetenzzuwachs, da sie die Fachkräftemigration hinsichtlich ihrer gesellschaftlichen Bedeutung bewerten (BSS: B3).

---

[16] Brain Drain bezeichnet die Abwanderung von hochqualifizierten Fachkräften, insbesondere von Akademikern.
[17] Zudem knüpft das Thema sehr gut an die vorangegangen Stunden an, in denen der demographische Wandel und dessen Folgen für Deutschland behandelt worden sind.

Des Weiteren habe ich mich aufgrund der Lebenssituation der Lernenden für diesen Migrationstyp entschieden. Die Schüler gehören dem 12. Jahrgang an und werden demgemäß 2010 voraussichtlich ihr Abitur absolvieren. Somit stellt sich in naher Zukunft die Frage nach dem weiteren Werdegang, der durchaus auch im Ausland bestritten werden kann. Der Geographieunterricht vermittelt die im Zuge der Globalisierung stattfindende Arbeitsmigration, die durchaus auch für die Lerngruppe relevant werden kann, dergestalt, dass die Schüler sich für ein Studium oder einen Arbeitsplatz im Ausland entscheiden. Sie diskutieren somit über ihre eigenen Zukunftsperspektiven und erwerben auf diese Weise einen Kompetenzzuwachs, da sie Motivation und Interesse hinsichtlich ihrer eigenen Handlungen erlangen (BSS: H2-H4).

Um die Thematik nicht einseitig aus Sicht der Einwanderungsländer zu behandeln und entsprechend auch die Folgen des Brain Drain[18] zu erörtern, habe ich Indien als Unterrichtsbeispiel gewählt. Die Vergangenheit des Landes als englische Kolonie und die damit verbundenen Sprachkenntnisse sind ein Grund, warum seit den 1990er Jahren hunderttausende Hochqualifizierte ausgewandert sind. Eine Statistik aus dem Jahr 2000 beziffert die Anzahl der im Ausland lebenden indischen Bevölkerung auf 20 bis 25 Millionen Menschen. Infolge dieser immensen Emigration verfügt Indien nicht mehr über genügend gut ausgebildete Bürger, was sich insbesondere im IT-Bereich zeigt. Für die Entwicklungsfragen des eigenen Staates sind nicht mehr ausreichend Fachkräfte vorhanden.[19]

Bei der Konzeption der Unterrichtsstunden „Migration ausländischer Fachkräfte nach Deutschland" habe ich einen konkreten Länderbezug gewählt, um damit den Kompetenzbereich „Räum-liche Orientierung" zu fördern. Im Sinne der didaktischen Reduktion habe ich mich auf ein Einwanderungsland sowie ein Herkunftsland beschränkt. Deutschland besitzt aufgrund seiner Funktion als Mutterland für die Schüler einen motivationalen Wert. Indien gilt als Paradebeispiel des Brain Drain und bietet somit ein gewisses Maß an Vorkenntnissen seitens der Lerngruppe.

Die EU ist die Haupteinwanderungsregion für afrikanische Zuwanderer; derzeit leben hier rund 4,6 Millionen Afrikaner, vornehmlich aus Nordafrika. Die Attraktivität Europas als Zielgebiet wächst im zunehmenden Maße. Laut einer Statistik der International Organization for Migration (IOM) reisen jährlich 65.000 bis 80.000 Menschen durch die Sahara in die Maghreb-Staaten[20], um von dort über den Seeweg nach Eu-

---

[18] Verlust von hochqualifizierten Fachkräften durch Abwanderung.
[19] Vgl. Lindau (2008), S. 69ff.
[20] Sie umfassen in erster Linie die Staaten Tunesien, Algerien und Marokko, z.T. noch Libyen und Mauretanien.

ropa zu gelangen.[21] Im Vergleich zum Vorjahr stiegen 2008 die erfolgreichen Über-fahrten der Afrikaner. In Italien gingen bis November 32.636 Menschen von Bord (2007: 19.501), davon allein auf Lampedusa 27.660 (2007: 11.795). Auf Malta stieg die Zahl der Flüchtlinge von 1.800 im Jahr 2007 auf 2.600. In Griechenland landeten 13.894 Boat People (2007: 7912). In Spanien und auf den Kanarischen Inseln belief sich die Anzahl der Flüchtlinge bis Oktober 2008 auf 10.700 Menschen (2007: 9100).[22] Die Zustände in ihrer Heimat lassen den Afrikanern teilweise keine andere Wahl. Zu den hauptsächlichen Push-Faktoren zählen Armut, Hunger, Arbeitslosigkeit und Bürgerkrieg. In Europa erhoffen sie sich ein besseres Leben, das ihnen neben einem Arbeitsplatz und finanzieller Versorgung v.a. Sicherheit bietet. Um die irregulä-re Migration zu verhindern, fand zuletzt im November 2008 die zweite EU-Afrika-Ministerkonferenz statt, auf welcher ein Dreijahresprogramm beschlossen wurde, das auf drei Säulen basiert: Förderung der legalen Einwanderung qualifizierter Afrikaner, Reduzierung der illegalen Einwanderung und Wirtschaftshilfe für die afrikanischen Länder.[23]

Die Thematik „Boat People" folgt dem Aktualitätsprinzip[24], da es eine sehr hohe Me-dienpräsenz besitzt. In regelmäßigen Abständen wird in den Nachrichten die verhee-rende Situation der Bootsflüchtlinge angesprochen, sodass die Schüler ein gewisses Maß an Vorkenntnissen aufweisen, die ich im Rahmen der Schülerorientierung in meinem Unterricht aufgreifen kann, um auf diese Weise das Wissen und Verständnis der Lerngruppe zu erweitern. Die kürzlich stattgefundene Konferenz zeigt dem Kurs die Relevanz der Thematik und die Erfordernis, sich im Geographieunterricht mit den afrikanischen Flüchtlingsströmen zu beschäftigen, indem sie die Notwendigkeit zum konkreten Handeln erkennen (BSS: H3). Das Thema leistet einen Beitrag zum Kern-problem 5 „Partizipation", da die Schüler Einsicht in die sozialen Hintergründe erhal-ten und bei ihnen die Bereitschaft zur Verwirklichung der Menschenrechte geweckt wird.

Nach dem Ende des Zweiten Weltkriegs fand bis dato eine beispiellose Völ-kerverschiebung statt. Über acht Millionen Deutsche wurden von der Roten Arme aus den ehemaligen deutschen Ostprovinzen vertrieben (Ostpreußen: 2.209.200, Schlesien: 3.587.300; Pommern: 1.761.700; Ost-Brandenburg: 597.500). Bei ihrer

---

[21] Vgl. Kohnert (2006), S. 3.
[22] Vgl. http://diepresse.com/home/politik/aussenpolitik/435330/index.do?_vl_backlink=/home/index.do und http://www.migration-online.de/beitrag._aWQ9NjQ4MQ_.html.
[23] Vgl. http://www.ue2008.fr/PFUE/lang/de/accueil/PFUE-11_2008/PFUE-25.11.2008/conference_de_paris_sur_la_migration_et_le_developpement.
[24] Vgl. Haubrich (2006), S. 164.

Flucht in die BRD und DDR starben nach Schätzungen ca. zwei Millionen Menschen. Polen und die Sowjetunion besiedelten die Ostgebiete neu. Heutzutage leben noch rund 400.000 Deutsche dort.[25] Die Vertreibung hat zwar vor über 60 Jahren stattgefunden, doch ist sie immer noch in den Köpfen der Deutschen aktuell und wird auch weiterhin in den Medien diskutiert.[26] Ich betrachte es als Vorteil, dass es sich um ein fächerübergreifendes Thema handelt, das auch im Geschichtsunterricht Beachtung findet. Die Schüler besitzen einen breiten Kenntnisstand, der insbesondere bei der Zeitzeugenbefragung von elementarer Wichtigkeit ist. Im Vorfeld der UE habe ich im Kurs erfragt, inwieweit die Lerngruppe durch ihre eigene Familie in das Thema involviert ist. Es zeigte sich, dass neun Schüler, 39%, selbst Angehörige haben, die nach dem Zweiten Weltkrieg vertrieben worden sind. Insofern beinhaltet der Unterrichtsgegenstand für einen Großteil des Kurses einen sehr hohen Lebensweltbezug, der zu einer entsprechenden Motivation führt, sich mit dem Thema auseinanderzusetzen. Für mich stand bei der Wahl der Migrationstypen außer Frage, dass der Aspekt Flucht/Vertreibung behandelt werden muss, da durch Kriege und Unruhen immer wieder Menschen ihre Heimat verlassen müssen. Entsprechend hätte ich auch die Vertreibung im Zuge der Kriege und ethnischen Säuberungen in Kroatien, Bosnien, im Kosovo, in der Türkei oder im Kaukasus ansprechen können. Jedoch habe ich mich aufgrund zweier Gründe für die Vertreibung der Deutschen entschieden. Zum einen gehört das Thema meines Erachtens zur Allgemeinbildung deutscher Bürger und trägt somit dem fachlichen Kompetenzzuwachs Rechnung. Zum anderen bewog mich das Schicksal eines kurdischen Schülers aus meinem Kurs zu dieser Wahl. Er ist im Irak geboren und musste aufgrund seiner Ethnie mit seiner Familie vor fünf Jahren auf dramatische Weise aus seinem Heimatland fliehen und lebt seitdem in Marne. Die Vertreibung der Deutschen soll exemplarisch für jegliche Vertreibung und Flucht von Menschen stehen.

2.3 Methodische Überlegungen

Das Thema „Bevölkerungswanderung" besitzt laut einer Studie von Hemmer & Hemmer[27] nur ein marginales Interesse auf Schülerseite. Gerade aus diesem Grund ist es mir ein persönliches Anliegen, der Lerngruppe zu vermitteln, dass der Unterrichtsgegenstand „Migration" einen wichtigen Bezug zum gegenwärtigen und zukünf-

---

[25] Vgl. http://www.z-g-v.de/aktuelles/?id=56.
[26] Siehe die Debatte um ein Zentrum gegen Vertreibung.
[27] Vgl. Haubrich (2006), S. 55.

tigen Lebensalltag der Schüler besitzt und derge-stalt mit besonderer Sorgfalt im Unterricht behandelt werden muss. Die methodische Konsequenz muss daher meiner Meinung nach in der Konzeption des Einstiegs zu finden sein, indem die Motivation und Lernbereitschaft der Schüler geweckt wird. Um dies zu gewährleisten, habe ich für jeden der zu behandelnden Migrationstypen individuelle Eröffnungsphasen entwickelt, in deren Zentrum verschiedene Medienformen stehen, die sowohl eine rationale als auch eine emotionale Dimension besitzen. So informieren sie zum einen über das Thema und das Unterrichtsziel, zum anderen rufen sie aber auch Erstaunen[28] und Betroffenheit[29] hervor.

Generell fördert der Einsatz der Medien die Methodenkompetenz, indem die Lerngruppe diesen relevante Informationen entnehmen und entsprechend verarbeiten können (BSS: M3, S6). Bei der Wahl der Medien habe ich im Vorfeld das generelle Schülerinteresse und geschlechtsspezifische Besonderheiten[30] beachtet, sodass letztlich folgende Einstiege entstanden:

Die Migration ausländischer Fachkräfte werde ich mit Hilfe eines Diagrammes einführen, das das Stimmungsbild von Green-Card-Migranten hinsichtlich der Frage, ob Deutschland ein geeignetes Einwanderungsland sei, widerspiegelt. Gerade in Hinblick auf den Fachkräftemangel in Deutschland finde ich den Inhalt des Mediums sehr interessant, da er einen Handlungsansatz bietet, indem die Sicht der betroffenen Ausländer gezeigt wird. Das Diagramm fördert somit hinsichtlich der Ziel- und Inhaltsorientierung die Problemorientierung der Schüler, da es ihnen aufzeigt, dass Deutschland als Zielland für Hochqualifizierte unattraktiv scheint. Es entsteht bei der Lerngruppe das Bedürfnis, die Ursachen für diese Einschätzung zu erfahren und sich mit Optionen zur Optimierung auseinanderzusetzen. Diese Aspekte ließen für mich kein grafisches Medium zu, das lediglich Zahlen bzgl. der Einwanderungsstatistik offenbart. Zudem handelt es sich bei der Interpretation von Diagrammen um eine Kulturtechnik, welche es den Schülern erst ermöglicht, den Massenmedien Informationen zu entnehmen.[31]

Bei dem Einsatz von Diagrammen im Unterricht ist v.a. die Altersstruktur zu beachten, weil die Schüler erst mit zunehmenden Lebensjahren die Komplexität der dargestellten Inhalte aufnehmen und verarbeiten können. Da es sich bei der Lerngruppe

---

[28] Einstellung der Green-Card-Migranten gegenüber Deutschland als Einwanderungsland.
[29] Videosequenz über die Bootsflüchtlinge bzw. Zeitzeugenbericht.
[30] Jungen favorisieren eher abstrakte Medien, wie z.B. Tabellen, Diagramme etc., während Mädchen vielfach konkret-anschauliche Medien bevorzugen, zu denen Filme und Erlebnisberichte zählen (vgl. Haubrich, S. 56).
[31] Vgl. Rinschede (2007), S. 331f.

um einen Geographiekurs der Sekundarstufe II handelt und die bisherigen Erfahrungen beim Umgang mit grafischen Medien durchweg positiv waren, ist das Medium adressatengerecht.

Das Schülerinteresse an fachspezifischen Arbeitsweisen wird insbesondere durch Medien mit konkret-ikonischem Charakter oder durch reale Begegnungen mit dem Unterrichtsgegenstand gefördert.[32] Dies bewog mich zu der Auswahl einer Videosequenz zur Einführung der Bootsflüchtlinge bzw. zu dem Einladen eines Zeitzeugen, der nach dem Zweiten Weltkrieg vertrieben wurde. Das Video über die Boat People besitzt einen starken Motivationsgehalt. Die vierminütige Sequenz zeigt auf sehr eindrucksvolle Weise die verheerende Lage, in der sich die afrikanischen Flüchtlinge befinden. Zum einen liegt der Fokus auf der gefährlichen Überfahrt, die auf kleinen und viel zu überladenen Booten stattfindet. Zum anderen wird die Ankunft der Menschen auf Malta gezeigt, wo sie nach wochenlanger Überfahrt geschwächt an der Küste von der Polizei aufgenommen und in Flüchtlingslager gebracht werden. Unterlegt ist das Video mit Musik, die die Emotionalität der dargestellten Szenen reflektiert.[33] Ich habe mich bewusst gegen einen Nachrichtenmitschnitt entschieden, da dieser durch seine Kommentare eine zu starke Lenkung beinhalten und die Impulssetzung reduzieren würde. Die Schüler sollen die Bilder auf sich wirken lassen und dadurch zu konkreten Fragen gelangen, die nicht bereits durch einen Reporter vorgegeben bzw. beantwortet werden. Dies erhöht die Motivation der Schüler, sich mit der Lage der Bootsflüchtlinge auseinanderzusetzen. Zudem wird die Moralkompetenz der Lerngruppe gefördert, da das Video das emotional-affektive Verhalten anspricht[34].

Eine Alternative zu dem Film wären Bildmaterial oder ein Erlebnisbericht eines Flüchtlings gewesen. Ich habe mich jedoch für den Film entschieden, da er eine hohe Wirklichkeitsnähe und eine große Anschaulichkeit besitzt. Anschauung ist laut Pestalozzi „das absolute Fundament aller Erkenntnis"[35]. Das Boat People Video dient aufgrund seiner Anschaulichkeit der Erkennt- nisgewinnung, welche dann im folgenden Unterrichtsverlauf anhand weiterer Methoden vertieft und erweitert wird. Bilder obliegen zwar auch dem Anschauungsprinzip, jedoch nicht in diesem Maß. Zudem werden die Schüler in den Nachrichten ebenfalls mit Videomitschnitten der Boat People konfrontiert, sodass der Geographieunterricht meines Erachtens der richtige

---

[32] Vgl. Haubrich (2006), S. 54f.
[33] Das Video findet sich unter folgendem Link: http://de.youtube.com/watch?v=uU4sNq7hdgY.
[34] Vgl. Rinschede, S. 311.
[35] Ebd., S. 180.

Ort ist, um über dieses Medium zu kommunizieren. Eine Flüchtlingsgeschichte beinhaltet auch einen hohen emotionalen Wert und dient der Problemorientierung, aber um die Wirkung des Zeitzeugenbesuches nicht zu minimieren und hinsichtlich der Eröffnungsphasen keine Redundanzen entstehen zu lassen, habe ich mich gegen einen Bericht als Einstieg entschieden.

Um die Vertreibung der Deutschen nach dem Zweiten Weltkrieg als Unterrichtsthema einzuführen, habe ich einen Zeitzeugen eingeladen, der in der Eröffnungsphase einen kurzen Überblick über seine Flucht gab. Die Realbegegnung ermöglicht, dass auf Seiten der Schüler Betroffenheit und Problembewusstsein geweckt werden, aus denen Fragestellungen resultieren, die im weiteren Unterrichtsverlauf in Form eines Zeitzeugeninterviews beantwortet werden. Der Kurs erhält keine vorproduzierten Ergebnisse, wie sie z.B. grafische Medien liefern, sondern setzt sich aktiv mit der Person auseinander, was zu einer intensiveren Lernerfahrung führt.[36] Die Zeitzeugengespräche gehören zu den anerkannten methodischen Verfahren im Unterricht, da sie die Schülermotivation in dem Sinne stärken, dass den Lernenden die Sinnhaftigkeit des Themas bewusst und die teilweise konstruierte Darstellung der Unterrichtsgegenstände bewusst wird.[37] Da die Vertreibung vor über 60 Jahren stattgefunden hat und somit in den Augen der Schüler bereits zur deutschen Geschichte gehört, erfolgt durch die Realbegegnung der Transfer in die Gegenwart. Die Schüler erkennen, dass die Thematik noch immer Aktualität besitzt und entsprechend im Unterricht Berücksichtigung finden muss.[38] Dieser Faktor ließ in meinen Augen auch kein anderes Medium in der Eröffnungsphase zu, da weder eine Karte, die das Ausmaß der Vertreibung visualisiert, noch Bilder über die Flucht einen derartigen Impuls liefern, sich mit dem Unterrichtsgegenstand zu beschäftigen.

2.4 Ausgewählte Aspekte des Unterrichtsgeschehens

2.4.1 Aufbau der Unterrichtseinheit

Die Konzeption der UE beinhaltet folgende Reihenfolge hinsichtlich der Unterrichtsgegenstände: Den Auftakt liefert die Migration hochqualifizierter Fachkräfte, es folgen die afrikanischen Flüchtlinge und den Abschluss bilden die deutschen Vertriebenen. Hinter dieser Struktur steckt die Überlegung, dass ich hinsichtlich der Migrationsty-

---

[36] Vgl. ebd., S. 179.
[37] Vgl. Pädagogisches Zentrum Rheinland-Pfalz, S. 8f.
[38] Dem Aktualitätsprinzip werde ich zudem durch einen Zeitungsartikel gerecht, der 2003 in der „Zeit" erschienen ist und die stetige Präsenz der Vertriebenenproblematik offenbart. Der vollständige Bericht ist online einsehbar unter: http://hermes.zeit.de/pdf/archiv/2003/47/Vertriebene.pdf.

pen eine dramaturgische Steigerung entwickeln möchte, welche das Schülerinteresse von der ersten bis zur letzten Stunde der Einheit aufrechterhält. Während die hochqualifizierten Zuwanderer primär eine gesellschaftliche Relevanz aufgrund des Fachkräftemangels in Deutschland aufweisen, beinhalten die Bootsflüchtlinge aufgrund ihrer Medienpräsenz einen starken Lebensweltbezug, der sich bei der Behandlung der Vertriebenen in dem Maße steigert, dass ein Großteil des Kurses einen familiären Bezug zu diesem Thema aufweist. Der erweiterte Kenntnisstand bzgl. der Bevölkerungswanderung am Ende der Einheit ermöglicht es den Schülern, das Potential eines Zeitzeugenbesuches optimal zu nutzen, da sie prägnantere Fragen stellen können. Zudem erlangen sie durch die vorherige Behandlung der Boat People ein Gefühl der Betroffenheit und der Anteilnahme, die bei der Realbegegnung insbesondere vonnöten ist, um das Interview mit dem entsprechenden Taktgefühl zu gestalten.

Datum/ Stunde	Unterrichtsgeschehen	Hauptlernziel / Intention der Stunde
Mo, 24.11. (1)	*Migration ausländischer Fachkräfte nach Deutschland* Die SuS bearbeiten in GA Migrationsmotive, die sie im Anschluss bei einem Gruppenpuzzle präsentieren.	Die SuS lernen die für ausländische Fachkräfte relevanten Mobilitätsfaktoren kennen (SaK).
Mo, 24.11. (2)	*Migration ausländischer Fachkräfte nach Deutschland* Die SuS entwickeln in GA Strategien für die Anwerbung hochqualifizierter Ausländer. Den Transfer bildet eine Diskussion über die Zukunftsperspektiven der SuS hinsichtlich eines Auslandsaufenthaltes zu Studien- / Arbeitszwecken.	Die SuS wenden das Wissen über die Migrationsmotive bei der Konzeption eines Maßnahmenkatalogs hinsichtlich der Anwerbung ausländischer Fachkräfte an (SaK). Sie beurteilen ihre eigenen Zukunftsperspektiven bzgl. einer Arbeitsmigration unter Berücksichtigung des neuen Kenntnisstandes (SaK).
Do, 27.11. (3)	*Migration ausländischer Fachkräfte nach Deutschland* Die SuS erläutern die Ursachen und Folgen der Abwanderung von Hochqualifizierten aus Indien und bewerten die Vor- und Nachteile der Emigration für das Land.	Die SuS lernen den Prozess der Abwanderung hochqualifizierter Fachkräfte aus Indien und die damit verbundenen Auswirkungen für das Land kennen (SaK).
Mo, 1.12. (4)	*Afrikanische Flüchtlinge auf dem Weg nach Europa* Die SuS erarbeiten ein Wirkungsgefüge zum Thema „Europa als Ziel afrikanischer Flüchtlinge".	Die SuS lernen die Ursachen der Auswanderung aus Afrika kennen und unterscheiden dabei zwischen Pull- und Push-Faktoren (SaK). Sie präsentieren den Migrationstyp in Form eines Wirkungsgefüges (MeK).
Do, 4.12. (5)	*Afrikanische Flüchtlinge auf dem Weg nach Europa* Die SuS versetzen sich in einer Podiumsdiskussion in die Rolle eines Beteiligten (Flüchtling/afrikanischer	Die SuS versetzen sich in die Situation eines von der Flüchtlingsmigration Betroffenen (SoK). Sie tauschen sich in der Diskussion

	und spanischer Politiker/UNHCR/EU-Kommission) und erörtern die jeweilige Verantwortung.	über die jeweiligen Standpunkte aus (SoK).
Di, 9.12. (6)	*Afrikanische Flüchtlinge auf dem Weg nach Europa* Die SuS erarbeiten in GA Möglichkeiten die für die Flücht- lingsproblematik verantwortlichen Parameter im Sinne einer Optimierung zu verändern.	Die SuS entwickeln basierend auf ihren neu erworbenen Kenntnissen eine Strategie, um den Flüchtlingsstrom der Afrikaner nach Europa zu stoppen (SaK).
Do, 11.12. (7)	*Die Vertreibung der Deutschen aus dem Osten* Die SuS interviewen einen Zeitzeugen zum Thema „Vertreibung aus dem Osten".	Die SuS lernen die Situation der Vertriebenen aus den deutschen Ostgebieten durch eine Zeitzeugen-befragung kennen (SaK).
Mo, 15.12. (8)	*Die Vertreibung der Deutschen aus dem Osten* Die SuS reflektieren den Zeitzeugenbesuch. Sie erarbeiten im Anschluss weitere Flüchtlingsregionen nach dem Zweiten Weltkrieg.	Die SuS erfassen die gesamte Vertreibung der Deutschen nach dem Zweiten Weltkrieg aus den Ostgebieten (SaK). Sie lernen die heutige Länderzugehörigkeit kennen (SaK).
Do, 18.12. (9)	*Die Vertreibung der Deutschen aus dem Osten* Die SuS äußern sich auf Grundlage eines Artikels sowie der eigenen familiären Erfahrungen über die Vertriebenenproblematik in der heutigen Zeit.	Die SuS bewerten die derzeitige Situation der Vertriebenen und ihrer Angehörigen in Deutschland (SaK).

2.4.2 Einstieg zum Thema „Migration ausländischer Fachkräfte nach Deutschland"

Als Einstieg in die Thematik „Migration ausländischer Fachkräfte nach Deutschland" wählte ich ein Diagramm aus dem Jahr 2003, welches die Bundesrepublik als Einwanderungsland aus Sicht von Green-Card-Migranten bewertet[39]. Auf die Frage „Germany, the right place for immigration? Think of the economical situation, the language and other facts compared to other countries." antworteten 3% der Migranten "don't know", 12% "very good", 14% "good" und 71% "bad". Nachdem die Schüler die Inhalte des Schaubilds wiedergegeben hatten, drangen sie zum Kern der Aussage durch und fragten nach den Gründen für die negative Sichtweise der Einwanderer. Ferner thematisierten sie deren Erwartungshaltung an Deutschland und suchten auf diese Weise eine Erklärung für die Ergebnisse. Das Beschreiben und Analysieren des Dia-gramms nahm ca. fünf Minuten in Anspruch. Die kurze Zeitspanne weist auf die Fähigkeit der Schüler hin, aus Diagrammen „problem-, sach- und zielgemäß Informationen"[40] zu entnehmen und aus diesen wichtige Einblicke zu gewinnen. Dank der aufgeworfenen Fragen auf Schülerseite[41] gestaltete sich der Übergang zur Erarbeitungsphase problemlos, in welcher sich der Kurs in einem Gruppenpuzzle über die generelle Attraktivität Deutschlands als Einwanderungsland sowie über Mobilitätsfaktoren von Migranten informierte. Das neu erworbene Wissen wandten die

---

[39] Vgl. Gebhardt/Schreyer (2003), S. 19.
[40] Deutsche Gesellschaft für Geographie (2007), S. 20.
[41] Eine ausführliche Darstellung der Schülerfragen findet sich im Kapitel „Schülernotizen".

Schüler in der darauffolgenden Stunde an, um ein Konzept zu erarbeiten, welches Deutschland als Einwanderungsland für ausländische Fachkräfte attraktiver macht. Dies förderte den Kompetenzbereich „Handlung", da die Lerngruppe die raumpolitischen Entscheidungsprozesse in Deutschland nachvollzog und daran partizipierte. Die Inhalte des Diagramms hatten den Schülern vor Augen geführt, dass Deutschland ohne ein aktives Zugehen auf die Migranten keine Chancen besitzt, im Bereich der Informationstechnologie führend zu bleiben. Entsprechend hoch war ihre Motivation, geeignete Maßnahmen zu finden, um diesen Missstand zu beheben. Hinsichtlich der Ergebnisse ist die hohe Qualität an dieser Stelle anzumerken. Eine Gruppe hatte sich z.B. Kanada zum Vorbild genommen und ein entsprechendes Punktesystem[42] für Deutschland entwickelt. Die beiden übrigen Gruppen erarbeiteten ebenfalls gute Maßnahmen, so wurden u.a. Service-Points in ausgewählten Großstädten Deutschlands offeriert, die den Migranten als erste Anlaufstation dienen sollen.

2.4.3 Einstieg zum Thema "Boat People"

Um in die Thematik der Bootsflüchtlinge einzuführen, zeigte ich dem Kurs ein vierminütiges Video, das die Ankunft eines Migrantenbootes auf Malta zeigt.[43] Während der Vorführung achtete ich auf die Reaktionen des Kurses, die größtenteils Mitgefühl, aber auch ein gewisses Maß an Ungläubigkeit widerspiegelten. Meine Beobachtungen bestätigten sich im anschließenden Gespräch über die Filmsequenz. Insbesondere die weiblichen Kursteilnehmer verwiesen auf die unmenschlichen Zustände an Bord der kleinen Boote. Sie sprachen die Angst der Afrikaner an, die diese aufgrund der gefährlichen Überfahrt sowie der Ungewissheit auf dem neuen Kontinent empfinden müssten. Zudem thematisierten sie die im Video gezeigten Kleinkinder, denen besonders die Strapazen der Flucht anzusehen waren und die sich nicht eigenständig für die Reise entschieden hatten, sondern keine Wahl besaßen. Der emotionale Effekt ließ sich auf männ-licher Seite nur bedingt erkennen. Die Schüler sprachen die Risiken der Überfahrt an und fragten nach den Faktoren, welche die Afrikaner zu ihrer Flucht bewegten. Dies war wünschenswert, da das Stundenthema die Push- und Pull-Faktoren für die Migration nach Europa waren und die Schüleräußerungen eine entsprechende Überleitung boten. Ein Schüler ging zudem noch auf die Musik im Video ein und bezeichnete sie als manipulativ, da sie aufgrund ihrer melancholischen

---

[42] Kanada hat 1967 ein Punktesystem eingeführt, anhand dessen die Einwanderungsbehörden Punkte für Bildung, Sprachkenntnisse und Arbeitsmarktchancen vergeben.
[43] Eine nähere Beschreibung des Inhalts findet sich im Kapitel „Methodische Überlegungen".

Melodie unwillkürlich Mitleid erweckte. Das Vorspielen des Filmausschnitts mit dem anschließenden Gespräch nahm in etwa zehn Minuten in Anspruch.

Meines Erachtens war das Video ein gelungener Einstieg, da es die Aufmerksamkeit der Schüler weckte und bei ihnen den Kompetenzbereich „Beurteilung/Bewertung" schulte. Die Lerngruppe bewertete die Informationen aus der Filmsequenz unter Bezugnahme ihres Wissens um Faktoren, welche die Afrikaner zur Flucht treiben. Im Anschluss beurteilte sie die Flucht als Option, den schlechten Zuständen in der Heimat zu entkommen.

2.4.4 Zeitzeugenbesuch zum Thema „Vertreibung der Deutschen"

Die Flucht der Deutschen aus den Ostgebieten 1945 ist eine Thematik, die für die Schüler aufgrund ihrer zeitlichen Distanz nur ein geringes Maß an Aktualität besitzt. Dennoch gehört sie zu den Eckpfeilern der deutschen Geschichte und muss dementsprechend gelehrt werden. Um das Interesse der Lerngruppe für das Thema zu wecken, lud ich zu der ersten Unterrichtsstunde den Zeitzeugen Lothar Dufke ein. Im Vorfeld hatte ich mit ihm den geplanten Ablauf des Besuches besprochen und ihn gebeten, zunächst nur kurz und prägnant von seiner Flucht zu berichten, um damit die Neugier der Schüler zu wecken und gleichzeitig ein Problembewusstsein zu schaffen, welches ich im anschließenden Interview anhand der Schülerfragen bewerten wollte. Aus dieser gewünschten Zusammenfassung wurde jedoch eine zwanzigminütige Erzählung, die bereits viele ggf. auftretende Fragen beantwortete.

Den Schilderungen des Zeitzeugen folgten die Schüler sehr aufmerksam. Insbesondere als Herr Dufke detailliert dramatische Begegnungen mit den Russen und Polen beschrieb, war die Lerngruppe äußerst konzentriert und auch emotional betroffen. Es zeigte sich erneut, dass primär die Mädchen Empathie entwickelten, die in ihren Gesichtern abzulesen war. Durch die persönlichen Aussagen sowie den Einsatz von Fotos aus seinem Heimatort rückte die 63 Jahre zurückliegende Flucht in die Gegenwart.

Nach der einführenden Erzählung hatten die Schüler Gelegenheit, konkrete Nachfragen zu stellen. Hierbei trat insbesondere eine Schülerin in den Vordergrund, die einen sehr interessanten Ansatz verfolgte, so fragte sie u.a., ob die Flucht ein Trauma ausgelöst habe. Herr Dufke verneinte und wies auf die Notwendigkeit der Auseinandersetzung mit der eigenen Vergangenheit hin. Aus diesem Grund hatte er 1992 und 1999 seine ehemalige Heimat wieder bereist und sein Elternhaus besichtigt. Einige Schüler sprachen Verwunderung bzgl. der Rückkehr aus, was darauf schließen lässt, dass sie ebenso wie die Schülerin die Hypothese eines Traumas aufgestellt hatten. Die Lerngruppe interessierte sich des Weiteren dafür, ob Herr Dufke den Russen wegen der Vertreibung Vorwürfe mache, welches er ebenfalls negierte und mit der Siedlungspolitik der Deutschen argumentierte, welche sich in der Vergangenheit durch einen Expansionsanspruch ausgezeichnet habe.

Aufgrund der ausgedehnten Einführung blieben für das Interview nur 25 Minuten, in welchen die Schüler insgesamt sechs Fragen stellten, die sehr ausführlich beantwortet wurden. Hinsichtlich des qualitativen Niveaus hätte ich mir problematisierendere Fragestellungen gewünscht. So wäre sicherlich die Bestimmung des Heimatbegriffes interessant gewesen und damit verbunden das eventuell vorhandene Gebietsanspruchsdenken seitens Herrn Dufke. Dennoch hat das Interview die Kompetenz „Kommunikation" gefördert bzw. mir gezeigt, dass die Lerngruppe bereits gut mit Aussagen und Bewertungen umgehen und auf diese reagieren kann.

Zusammenfassend muss ich sagen, dass der Zeitzeugenbesuch einen emotionalen Wert für die Schüler besaß, der Lernzuwachs in der Stunde jedoch minimal ausfiel und entsprechend der Kompetenzbereich „Fachwissen" nur gering gefördert wurde. Der Lerngruppe war bereits vor dem Termin die Vertreibung aus den deutschen Ostgebieten bekannt, nun wurde sie noch einmal auf affektive Weise in Erinnerung gerufen. Als Konsequenz ziehe ich daher den Schluss, in einem nächsten Grundkurs den Unterrichtsgegenstand anders zu behandeln. Ein didaktisch reduziertes Fernseh- oder Hörfunk-Interview mit einem Vertriebenen würde als Einstieg die gewünschte Problemorientierung beinhalten und zu dem Kern der Stunde hinführen. Im Folgenden ließen sich die verschiedenen Ostgebiete hinsichtlich ihrer räumlichen Lage sowie ihrer veränderten Staatsgrenzen thematisieren. Die Entscheidung, einen Zeitzeugen zu der Thematik einzuladen, sollte nur getroffen werden, wenn zusätzliche Unterrichtsstunden zur Verfügung stehen oder ein Projekttag angeboten wird.[44]

---

[44] Weitere Schlussfolgerungen finden sich im Kapitel 3.3.

3. EVALUATION UND PERSÖNLICHES RESÜMEE

Die meiner UE vorangestellten Leitfragen werde ich mit Hilfe dreier Evaluationsme-
thoden überprüfen.[45] Um die Bedeutung des Einstiegs aus Schülersicht bewerten zu
können, habe ich einen Fragebogen konzipiert, der zum einen Items bzgl. der generellen Funktionen von Eröffnungsphasen beinhaltet, und zum anderen gezielt eine
Bewertung der drei realisierten Einstiege einfordert. Dies ermöglicht zugleich, die von
der Lerngruppe empfundene Problemorientierung mit meinen Unterrichtsbeobachtungen zu vergleichen. Zudem ließ ich die Schüler im direkten Anschluss an den jeweiligen Einstieg Fragen formulieren, welche sich aus den vermittelten Inhalten ergaben. Die Notizen ermöglichen es mir, nicht nur die Schüleraussagen während des
Unterrichtsgesprächs zu evaluieren, sondern darüber hinaus sämtliche Überlegungen der Kursteilnehmer in meine Auswertung miteinzubeziehen und mit meinem Erwartungshorizont abgleichen zu können.

3.1 Auswertung der Unterrichtseinheit in Hinblick auf die Leitfragen

3.1.1 Schülernotizen

3.1.1.1 Das Green-Card-Diagramm

Das Einstiegsdiagramm für die Thematik „Migration ausländischer Fachkräfte nach
Deutschland" zeigt deutlich das negative Stimmungsbild der Green-Card-Migranten
bzgl. der Bundesrepublik als Einwanderungsland. Entsprechend erwartete ich, dass
die Schüler diesen Aspekt thematisieren und des Weiteren die möglichen Ursachen
erfahren möchten. 87% der Teilnehmer des Kurses vermerkten in ihren Notizen das
schlechte Abschneiden Deutschlands und 61% fragten nach den Gründen für die
ablehnende Haltung bzw. interessierten sich für die Erwartungen der Migranten an
die BRD. 35% der Lernenden notierten den Wunsch, ein Stimmungsbild ausländischer Fachkräfte aus dem Jahr 2008 als Vergleich heranzuziehen, um ggf. Verände-
rungen feststellen zu können. 35% thematisierten mögliche Auswirkungen der negativen Haltung auf Deutschland und für 13% war die Frage nach beliebten Einwande-
rungsländern wichtig. Hinsichtlich der formulierten Inhalte kann ich keine gravieren-
den Unterschiede bzgl. der Geschlechter feststellen, weibliche und männliche Schüler erkannten gleichermaßen die vordergründige Problematik. Die Fragestellungen
befanden sich auf einer sachlichen Ebene und besaßen einen rationalen Kern. Das

---

[45] Ich möchte darauf hinweisen, dass die von mir gewählten Methoden keinen Anspruch auf Validität erheben. Dennoch ermöglichen sie m. E. die Leitfragen dahingehend zu beantworten, dass ich entsprechende Konsequenzen aus meinem unterrichtli-
chen Vorgehen ziehen kann.

Diagramm hat keinen emotionalen Wert für die Schüler aufgewiesen, was bei dem Inhalt dieses abstrakten Mediums auch ungewöhnlich gewesen wäre. Die Anzahl der notierten Fragen lag im Schnitt bei vier.

Im Unterrichtsgespräch stand die Problematisierung der negativen Sichtweise im Vordergrund, sodass sowohl durch die Aussagen als auch durch die Aufzeichnungen mein Erwartungshorizont erfüllt wurde. In der Eröffnungsphase beteiligten sich weibliche und männliche Kursteilnehmer in derselben Weise und auch hinsichtlich der Qualität der Ausführungen konnte ich die von Haubrich genannten geschlechtsspezifischen Divergenzen im Umgang mit abstrakten Medien nicht feststellen. Stattdessen gewann ich den Eindruck, dass das Diagramm ein geeignetes Medium ist, um in die Thematik der ausländischen Fachkräfte einzuführen und direkt zum Kern der Stunde, den Mobilitätsfaktoren, zu gelangen.

3.1.1.2 Das Boat People Video

Meine Intention bei der Auswahl des Films über die verheerende Situation der afrikanischen Bootsflüchtlinge lag bei der Emotionalisierung der Lerngruppe. Gleichzeitig erhoffte ich mir, durch das Video bei den Schülern folgende Fragen aufzuwerfen: *Aus welchen Ländern stammen die Boat People? Welche Faktoren bewegen sie zu der Flucht? In welche Länder wollen sie migrieren? Welche Erwartungen hegen sie an ihr Zielland? Erhalten Sie eine Aufenthaltserlaubnis in Europa oder werden sie abgeschoben?*

Während des Vorspielens der vierminütigen Videosequenz konnte ich die wachsende Empathie der Lernenden, insbesondere der Mädchen, feststellen. Diese spiegelt sich auch in den Schülerfragen wider, welche der Kurs sowohl notierte als auch im Anschluss an den Film im Unterrichtsgespräch stellte. 65% thematisierte die ausweglose Lage der Menschen und versuchte Gründe zu bestimmen, welche die Boat People veranlassen, ihre Heimat zu verlassen. Gleichzeitig stellten die Schüler Vermutungen an, warum Europa so attraktiv für die Flüchtlinge scheint (43%[46]). Im Anschluss an den Einstieg sollten die Lernenden die Push- und Pull-Faktoren der Migration nach Europa erarbeiten, insofern führte die Problematisierung direkt zum Kern der Unterrichtsstunde. Die Aufzeichnungen lassen des Weiteren erkennen, dass die Kursteilnehmer, insbesondere die männlichen, die Bestimmung der geographischen Räume wünschten, da sie konkret nach den Herkunfts- und Zielländern fragten (39%) und zudem die Auswirkungen auf die jeweiligen Staaten thematisierten (26%).

---

[46] Die Prozentangaben beziehen sich auf die Anzahl der Schüler, welche die jeweilige Frage notierten.

Diesen Schülerinteressen wurde ich gerecht, indem die Push- und Pull-Faktoren an konkreten Länderbeispielen erarbeitet wurden.[47] Während die Jungen also primär die rationalen Aspekte der Flucht nach Europa ansprachen und an Sachinformationen interessiert waren, beschäftigen sich die Mädchen zunächst mit emotionalen Faktoren und schenkten den menschlichen Schicksalen die größte Beachtung. Sie hatten das Bedürfnis zu erfahren, was mit den Menschen nach ihrer Ankunft auf Malta passiert (48%), wieso sie von der Küstenpolizei in Empfang genommen werden (35%), wie es ihnen in den Flüchtlingslagern ergeht (35%) und ob sie nach Afrika zurückgeschickt werden (26%).

Das Video besaß, wie erwartet, die Funktion eines Motivationsmediums, welches jedoch nicht nur die Aufmerksamkeit und das Interesse der Schüler weckte, sondern zugleich der von Rinschede postulierten Forderung nach einer Prägung des emotional-affektiven Verhaltens diente.[48] Die Motivation, sich mit der Thematik „Boat People" auseinanderzusetzen, war sowohl auf weiblicher als auch männlicher Seite gleichermaßen vorhanden. Die Filmsequenz diente somit als ideales Einstiegsmedium; Fotos oder Schlagzeilen über neue Tragödien der Flüchtlinge hätten wahrscheinlich die gleiche rationale, aber nur eine geringe emotionale Problemorientierung erzielt. Zudem förderte das Video aufgrund seines pathetischen Inhaltes den Kompetenzbereich „Beurteilung/Bewertung", da die Schüler im anschließenden Unterrichtsgespräch die zur Flucht verleitenden Faktoren benannten und mit ihren Wertmaßstäben reflektierten.

3.1.1.3 Der Zeitzeugenbesuch

Im Vorfeld der originalen Begegnung hatte ich die Erlebnisberichte des Zeitzeugen auf dessen Homepage gelesen, um eine etwaige Vorstellung zu erhalten, welche Inhalte er präsentieren könnte. Das Erstellen eines Erwartungshorizonts war aufgrund der fehlenden Kenntnisse über die konkrete Gestaltung des Einstiegs seitens Herrn Dufke nicht möglich. Die Eröffnungsphase entwickelte sich zu einer Informationsvermittlung über die einzelnen Fluchtstationen, wobei der Zeitzeuge die Aufmerksamkeit der Lerngruppe durch das Erzählen von dramatischen Erlebnissen bannte. Durch die detaillierten Schilderungen wurde ein Großteil der Schülerfragen bereits im Einstieg beantwortet. Anhand der von den Kursteilnehmern angefertigten Notizen

---

[47] Mali wählte ich als Herkunftsland und Spanien als Zielland der Migration afrikanischer Flüchtlinge.
[48] Vgl. Rinschede (2007), S. 311.

und Fragen im Verlauf des Zeitzeugenberichts ist es mir dennoch möglich, die Problemorientierung in Ansätzen zu bewerten.

Der Ablauf der Flucht einschließlich der Versorgung mit Nahrung, der jeweilige Aufenthaltsort etc. besitzt bei den Aufzeichnungen einen untergeordneten Stellenwert, was vermutlich daher rührt, dass diese Informationen chronologisch genannt wurden. Für die Hälfte des Kurses stand die Frage im Mittelpunkt, ob Herr Dufke einen Hass auf die Russen empfände. Dieser Aspekt wurde nicht nur schriftlich festgehalten, sondern auch während des Interviews von einem Jungen angesprochen. Hauptsächlich handelte es sich um männliche Schüler, welche diesen Gesichtspunkt notierten. Die Mädchen legten ihren Schwerpunkt auf die Verarbeitung der Geschehnisse (43%) und ein eventuell vorhandenes Trauma beim Zeitzeugen (35%). Des Weiteren interessierte es sie, ob er zu irgendeinem Zeitpunkt die Hoffnung verloren habe (30%). Sie thematisierten die ggf. andere Wahrnehmung der Erlebnisse als Kind (22%) und fragten nach den Gefühlen, die nach dem guten Ausgang der Flucht und dem Erreichen eines sicheren Dorfes in Schleswig-Holstein empfunden wurden (26%). Das Wiederaufsuchen der ehemaligen Heimat löste bei den Mädchen das Interesse für die dabei auftretenden Emotionen aus (22%).

Die Notizen verdeutlichen erneut die unterschiedliche Beleuchtung einer Thematik. Zwar beschäftigten sich die Jungen durch die Frage nach dem möglicherweise vorhandenen Hass ebenfalls mit der Gefühlswelt, bei den anderen Notizen lag der Schwerpunkt aber vielmehr auf den konkreten Ausführungen der Flucht und der Wahl Schleswig-Holsteins als Zielregion. Bei den Mädchen hingegen standen Emotionen im Vordergrund; sie hatten den Wunsch, das Maß an Leid verstehen und nachvollziehen zu können.

3.1.2 Fragebogen

3.1.2.1 Funktionen des Einstiegs aus Schülersicht

Der erste Teil des Fragebogens zielt darauf, die Aufgaben des Einstiegs aus Schülersicht zu sondieren und entsprechend meine erste Leitfrage zu beantworten. Hierfür entwickelte ich einen Katalog an Funktionen, in welchem die Schüler die ihres Erachtens richtigen ankreuzen und in einem Ranking (*1 = wichtig* bis *4 = unwichtig*) bewerten sollten.

Bei der quantitativen Auswertung[49] sticht die Funktion *Vorkenntnisse in Erinnerung rufen* deutlich hervor, gefolgt von *Neugier wecken*. Die für meine Hausarbeit interessante Aufgabe *Fragen aufwerfen* landet bei der Schülernennung auf dem letzten Platz; nur 50% der Lerngruppe sind der Ansicht, dass dies eine Funktion des Einstiegs sei. Da meines Erachtens so gut wie jeder Einstieg ein gewisses Maß an Problemorientierung beinhalten sollte, ist dieses Ergebnis frappierend und lässt den Schluss zu, dass die Eröffnungsphasen in den Unterrichtsstunden oftmals keine entsprechende Gestaltung aufweisen. Gleichzeitig dokumentiert das Ranking aber, welch hohen Stellenwert das *Fragenaufwerfen* bei den Schülern, die es benennen, besitzt. Mit einer Bewertung von 3,20 liegt die Problemorientierung auf Platz 2 der gewählten Funktionen. Das *Neugierwecken* besitzt aus Schülersicht mit einem Voting von 3,44 die erste Priorität, welches zu dem Ergebnis der quantitativen Auszählung passt. Die aufgrund der Schülernennung auf Platz 1 gewählte Funktion *Vorkenntnisse in Erinnerung rufen*, liegt beim Ranking mit einem Wert von 2,94 im unteren Drittel. Daraus lässt sich schließen, dass die Mehrheit der Lerngruppe zwar das Aktivieren von Vorerfahrungen im Einstieg erwartet, dies jedoch nicht als so wichtig erachtet. Am unbedeutendsten ist aus Schülersicht die *Information über den geplanten Unterrichtsverlauf*. Zwar kreuzten 60% des Kurses diese Funktion an, räumten ihr aber nur eine marginale Bedeutung ein. Das *Hinführen zum Stundenthema* sowie die *Lenkung der Aufmerksamkeit auf das Thema* liegen im Mittelfeld, sowohl bzgl. der quantitativen Nennung als auch der qualitativen Bewertung.

Aus dem Ergebnis lässt sich für mich keine direkte persönliche Schlussfolgerung zie-

Funktion	Ranking			
Fragen bei den Schülern aufwerfen, die sie im Unterricht beantworten möchten	1	2	3	4
Die Schüler neugierig machen	1	2	3	4
Das Interesse und die Aufmerksamkeit auf das neue Thema lenken	1	2	3	4
Die Schüler über den geplanten Unterrichtsverlauf informieren	1	2	3	4
Hinführung zum Stundenthema	1	2	3	4
Vorkenntnisse und Vorerfahrungen zum Thema in Erinnerung rufen	1	2	3	4

hen, da die Schüler die Funktionen allgemein und nicht auf meinen Unterricht bezogen beurteilt haben. Dennoch ist mir die Gestaltung der Eröffnungsphase ein wichtiges Anliegen, da sie einen großen Beitrag zur Qualität der Unterrichtsstunde leistet. In meinen Augen muss ein guter Einstieg die Neugier der Lerngruppe wecken und

---

[49] 20 der 23 Schüler des Kurses beantworteten den Fragebogen.

dadurch eine Problemorientierung auf Schülerseite ent-stehen lassen, bei welcher sie auch ihre Vorkenntnisse über das Thema miteinbeziehen soll.

3.1.2.2 Bewertungen der durchgeführten Einstiege aus Schülersicht

Neben der generellen Aufgabenbestimmung der Eröffnungsphasen durch die Schüler interessierte mich die Benotung ausgewählter Funktionen für die in der UE durch-

	Green-Card- Diagramm	Boat People Video	Zeitzeugenbericht
Interesse wecken	**2,9**	1,8	**1,3**
Vorkenntnisse aktivieren	3,3	2,7	2,2
Hinführung zum Thema	2,3	2,1	1,9
Fragen aufwerfen	2,2	**1,9**	2,2
Insgesamt	**2,8**	2,1	**1,7**

geführten Einstiege. Die Lerngruppe sollte die selektierten Aspekt mit einer Schulnote von 1 bis 6 bewerten und des Weiteren eine Gesamtnote für jeden Einstieg vergeben.

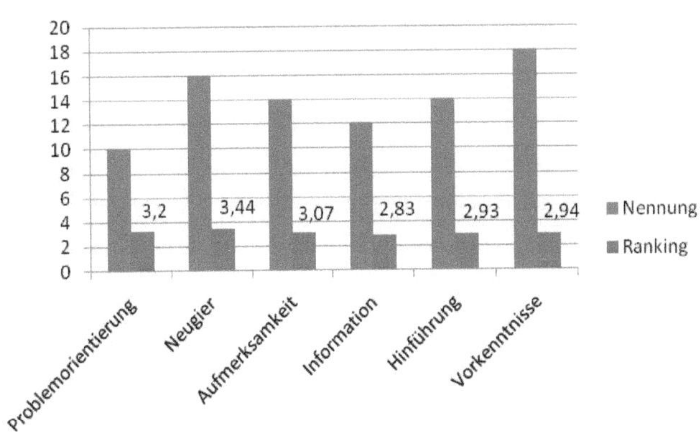

Bei der Auswertung fällt das gute Abschneiden der originalen Begegnung für alle gewählten Kriterien bis auf das *Fragenaufwerfen* auf. An dieser Stelle möchte ich noch einmal den zwanzigminütigen Einstieg des Zeitzeugen problematisieren, der aufgrund seiner Dauer weit über den Zeitrahmen einer üblichen Eröffnungsphase hinausging. Die Zeitdifferenz von 15 Minuten zwischen dem Bericht des Herrn Dufke und den anderen Einstiegsmedien bietet einen entsprechenden Spielraum, um auf Schülerseite in einem höheren Maß Vorkenntnisse zu wecken, zum Thema hinzuführen, Fragen aufzuwerfen und vor allem das Interesse zu wecken. Trotzdem ist die Note 1,3 bei der Funktion *Interesse wecken* beachtlich und spiegelt sich auch in meinen Unterrichtsbeobachtungen wider. Das Boat People Video schneidet mit der Zensur 1,8 für diese Funktion ebenfalls gut ab. Da es meine Intention war, durch die Filmsequenz die Neugier zu erregen, kann ich mein Anliegen als geglückt bezeichnen. Das schlechte Abschneiden des Diagramms im Bereich *Interesse wecken* verwundert aufgrund des abstrakten Mediums nicht. Bei der Wahl des Schaubilds stand für mich die Vermittlung von Sachinformationen und daraus resultierenden Fragen im Vordergrund. Die Schüler bestätigen, dass sie zum *Thema* „Ausländische Fachkräfte in Deutschland" *hingeführt* wurden und aufgrund des negativen Stimmungsbildes der Green-Card-Inhaber *Fragen entwickelt* haben. Interessant ist hier v.a. die Sicht der Schüler auf ihre Problemorientierung. Sie vergeben die Note 2,2, was meinen Unterrichtsbe-obachtungen entspricht. Aufgrund ihrer Kompetenz im Umgang mit Diagrammen vermochte die Lerngruppe innerhalb kurzer Zeit, die Kernaussage des Schaubilds zu erfassen und eine entsprechende Fragehaltung zu entwickeln. Dabei war die Quantität der gestellten Fragen gering, ihre Qualität jedoch hoch. Die Problemorientierung war rein sachlicher Natur, was dem Inhalt des Diagramms entsprach. Der Aspekt *Vorkenntnisse aktivieren* erhält die Zensur 3,3. Die somit schlechteste Note in der Gesamtauswertung lässt sich damit begründen, dass ein Großteil des Kurses vor dieser Unterrichtsstunde noch nicht mit der Thematik in Berührung gekommen war und entsprechend kein Vorwissen besitzen konnte. Verwunderlich finde ich das mittelmäßige Abschneiden des Videos bei dieser Funktion. Aufgrund der häufigen Medienpräsenz hatte ich ein gewisses Maß an Vorwissen bzgl. der afrikanischen Flüchtlingsproblematik erwartet, das dann aufgrund der Filmsequenz auf jeden Fall hätte stimuliert werden müssen. Aufgrund der Qualität des Videos lege ich der Note 2,7 das geringe Schülerinteresse an den Nachrichten zugrunde. Positiv ist hingegen die vorderste Platzierung bei der Funktion *Fragen aufwerfen*. Die Schüleraufzeichnungen sowie die Unterrichtsbeobachtungen stützen die Note von 1,9. Die vierminütige Sequenz warf eine Vielzahl an Fragen auf, die sowohl sachlicher als auch emotionaler Art waren. Es handelte sich um oberflächliche, aber auch tief greifende Problematisierungen, die sich auf Schülerseite ergaben. Die Problemorientierung war bei dem Zeitzeugenbericht das einzige Kriterium, welches nicht am besten abschnitt. Ich denke, der ausführliche Einstieg begründet die Note 2,2. Die im Interview gestellten Fragen zeugen von einer affektiven Sicht der Schüler, welche mutmaßlich aufgrund der direkten Begegnung hervorgerufen wurde.

Beim direkten Vergleich der Endnoten schneidet die Realbegegnung mit einer Note von 1,7 am besten ab, gefolgt von dem Video über die afrikanischen Bootsflüchtlinge (2,1). Das Diagramm landet mit 2,8 auf dem letzten Platz. Dieses Ranking entspricht den vor Beginn der UE entwickelten Erwartungen. Da meine Meinung zu dem Zeitzeugenbesuch im Anschluss an die Begegnung eher kritisch ausfiel, bat ich meinen Kurs in der folgenden Unterrichtsstunde um ein Feedback. Dieses fiel durchweg positiv aus und bestätigt noch einmal die sehr gute Endnote im Fragebogen. Zwei Schülerinnen berichteten, dass sie aufgrund der Schilderungen des Herrn Dufke ihre eigenen Großeltern nach ihren Fluchterlebnissen aus Pommern bzw. Ostpreußen befragt und ein intensives Gespräch mit ihnen geführt hätten. Diese Reaktion hat mich sehr gefreut und lässt hoffen, dass auch die übrigen Schüler nach der originalen Begegnung eventuell Dokumentationen zu dem Thema mit stärkerer Aufmerksamkeit verfolgen, zumal ihr Interesse in einem hohen Maß geweckt wurde.

3.1.2.3 Vermittelte Inhalte aus den Einstiegen

Da es sich bei der Beurteilung der Einstiege um eine subjektive Wertung handelt, versuchte ich durch die Frage *„Welche Inhalte sind Ihnen bzgl. der drei Einstiege noch präsent?"* ein objektives Item zu entwerfen. Sicherlich ist die Schülernote für die Eröffnungsphasen bzw. die Medien ein wichtiger Aspekt bei der Konzeption weiterer Einheiten, dennoch interessierte mich, in welchem Maß die Medien auch langfristiges Wissen vermitteln und somit den Lernzuwachs fördern.

Bei der Auswertung der Schüleraufzeichnungen muss die zeitliche Differenz zwischen Fragebogen (16.12.) und jeweiligem Einstieg beachtet werden. Die Einheit begann am 24.11. mit dem Diagramm zur Thematik „Ausländische Fachkräfte", das Boat People Video zeigte ich am 1.12. und der Zeitzeugenbesuch fand am 11.12. statt. Entsprechend liegt die Vermutung nahe, dass sich die Informationen von Herrn Dufke noch im Kurzzeitgedächtnis befanden, während die Filmsequenz und das

Schaubild bereits drei bzw. vier Wochen zurücklagen. Dennoch sind die Schülernotizen hinsichtlich des oben genannten Items aufschlussreich.

75% der Schüler erinnerten sich an das Medium Kreisdiagramm. Die Hälfte der Lerngruppe vermochte auch den Inhalt des Schaubildes richtig wiederzugeben, sie nannten die dem Diagramm zugrunde liegende Fragestellung und wiesen auf das schlechte Stimmungsbild hin. 20% dachten, es ginge bei der Bewertung um die Green Card selbst und nicht um die Meinung der Inhaber bzgl. Deutschlands als Einwanderungsland. Ein Schüler notierte fälschlicherweise, dass die Frage des Schaubilds darauf abzielte, ob die deutsche Bevölkerung die Einwanderung der Hochqualifizierten befürworte. Hinsichtlich des Lernzuwachses bin ich eher unzufrieden; 50% der Schüler kannten bereits nach vier Wochen nicht mehr die Aussage des Diagramms, welche als Problemaufriss für drei Unterrichtsstunden diente. Da der Kurs bei der Auswertung des Schaubilds eine gute Leistung gezeigt hat, vermute ich, dass das Ergebnis generell für das abstrakte Medium gilt. Man müsste entsprechend weitere Untersuchungen vornehmen, um eine verifizierte Aussage treffen zu können.

Der gesamte Kurs war in der Lage, sich an die afrikanischen Flüchtlinge auf den überfüllten Booten zu erinnern. Die Frage nach Details demonstriert jedoch erneut eine defizitäre Wissensverankerung, so war nur noch für 60% der Schüler der Empfang durch die Küstenpolizei präsent. Dass die Afrikaner in ein Flüchtlingslager gebracht wurden, nannten 40%. Jeweils 35% gingen auf die Gefahren und das Leiden der Menschen ein, welche in dem Video zum Ausdruck kamen. Ein Viertel der Lerngruppe erwähnte die melancholische Musik. Im Vergleich zum Dia-gramm ist die gute Erinnerung an die Filmsequenz und deren Hauptanliegen hervorzuheben. Vom Zeitfaktor unterscheiden sich die Medien kaum; allerdings besitzt die Filmsequenz einen konkret-anschaulichen Charakter, welcher bei den Schülern eine Emotionalisierung hervorrief. Ich vermute, dass die ausgelöste Empathie zu einem besseren Lernzuwachs führte, da die Schüler die Informationen nicht nur im Kurzzeitgedächtnis speicherten, sondern diese aufgrund ihres entstandenen Mitgefühls und ihres geweckten Interesses in ihr Langzeitgedächtnis transferierten. Das Ergebnis des Fragebogens spricht unabhängig von der Hypothese für die Einbindung von Filmsequenzen im Unterricht, da sie auch auf längere Sicht einen Wissenszuwachs bei den Schülern bewirken.

Aufgrund der Vielzahl an Informationen, die Herr Dufke bereits in seinem Einstieg nannte, sowie der schwierigen Trennung zwischen vermitteltem Wissen in der

Eröffnungsphase und welchem während des Interviews fallen die Schüleraufzeichnungen entsprechend vielseitig aus. Die gesamte Lerngruppe benannte die Flucht
als Hauptthematik, wobei 20% die detaillierte Fluchtroute wiedergaben. 60% be-
stimmten seine ehemalige Heimat richtig und schrieben, dass die Vertreibung durch
die Russen erfolgte. 50% erwähnten die während der Flucht stattgefundenen Verge-
waltigungen, 35% schilderten die schlimmen Begegnungen mit den Russen und
ebenso viele erinnerten sich an die Aussage, viele Leichen gesehen zu haben. Hinsichtlich der Wissensverankerung bin ich beim Zeitzeugenbericht ebenso zufrieden
wie bei dem Video. Allerdings zeigt sich eine größere Detailliertheit in den Erinnerun-
gen der Schüler, was mit Sicherheit aber auch durch die Fülle an Informationen begründet ist. Dennoch glaube ich, dass die Schüler aufgrund des direkten Kontakts die
in den 45 Minuten vermittelten Inhalte länger behalten werden, da sie durch die origi-
nale Begegnung emotional stärker angesprochen wurden.

3.2 Bezug zu Leitfragen und Zielvorstellungen

Die UE hat bei den Schülern die Kompetenz „Beurteilung/Bewertung" dergestalt gefördert, dass sie sich im Geographieunterricht mit Migration auseinandergesetzt und
darüber hinaus diese Thematik mit relevanten Normen und Werten verknüpft haben,
um auf diese Weise ein fachlich fundiertes Werturteil zu finden (BSS: B3, B4). Sie
sind jetzt in der Lage, das Phänomen Migra-tion unter Bezugnahme der Mobilitätsfaktoren zu erklären (BSS: F3, S13; F4, S19). Bei dem Erreichen dieses Lernzuwachses spielte die Methodenkompetenz eine bedeutende Rolle. Die Lerngruppe
vermochte aus verschiedenen Medien zielgerichtet Informationen zu entnehmen, aus
welchen sie im Folgenden wichtige Erkenntnisse zogen (BSS: M2, S4; M3, S6). Diese Einsichten konnten die Schüler im Unterricht bei der Auswertung von Gruppenarbeitsphasen fachgerecht präsentieren (BSS: K1, S4). Bei der Befragung des Zeitzeugen stand insbesondere die Förderung des Kompetenzbereiches „Kommunikation" im Vordergrund. Der Kurs reagierte angemessen auf die Äußerungen und wog
diese fachgerecht ab, um zielgerichtete Fragen an Herrn Dufke zu richten (BSS: K2,
S5). Eine Handlungsorientierung war mir bei der Konzeption der Einheit ein Anliegen,
sodass die Lernenden sowohl bei der Migration ausländischer Fachkräfte als auch
bei der afrikanischen Flüchtlingsproblematik angeleitet wurden, die jeweiligen Entscheidungsprozesse zu verstehen, um im Anschluss potentielle Handlungsfelder zu
erörtern (BSS: H3, S8; H4). Hinsichtlich der Wissensvermittlung und der Förderung

der verschiedenen Kompetenzbereiche hat meine Einheit das Maß an Zuwachs erbracht, was ich mir bei der Konzeption erhofft hatte.

Neben der fachlichen Ausrichtung wollte ich durch den Einsatz unterschiedlicher Medien in den Eröffnungsphasen deren Einfluss auf die Problemorientierung der Schüler untersuchen. Das dafür gewählte Evaluationsverfahren der Schüleraufzeichnungen war problematisch, da durch das Fragennotieren ein unnatürlicher Bruch in der Unterrichtsstunde auftrat. Das Unterrichtsgespräch als einziges Mittel der Leitfragenuntersuchung wäre aber nicht ausreichend gewesen, weil es nur das Auswerten der ausgesprochenen Fragen zugelassen hätte. Anhand der schriftlichen Ausführungen ist es mir möglich, die Problemorientierung zu evaluieren. Es zeigte sich, dass alle drei Medien geeignet waren, um auf Schülerseite Fragen aufzuwerfen, allerdings sind diese von unterschiedlicher Qualität. Während das abstrakte Medium „Diagramm" nur sachliche Stellungnahmen hervorrief, sprachen die konkret-anschaulichen Medien „Video" und „Realbegegnung" die Empathie an. Hierbei muss aber auf die geschlechtsspezifischen Divergenzen hingewiesen werden. Primär die Schülerinnen entwickelten eine affektive Problematisierung; die Jungen blieben vorrangig auf der rationalen Ebene. Dieser Sachverhalt bestätigt in gewisser Weise die von Haubrich genannten Unterschiede bzgl. der Wirkung der Medien. Ich konnte zwar nicht feststellen, dass die Beteiligung am Unterrichtsgespräch je nach Medium zwischen Mädchen und Jungen schwankte, doch der Umgang mit den Inhalten war verschieden.

Da in den Geographie-Didaktiken stets auf die Bedeutsamkeit der Eröffnungsphasen hingewiesen wird, war es mir des Weiteren ein Anliegen, die Funktion des Einstiegs aus Schülersicht zu untersuchen. Der dafür konzipierte Fragebogen bot eine gute Evaluationsmethode. Er dokumentierte, dass die Schüler dieser Unterrichtsphase eine Vielzahl an Aufgaben zuschreiben und diesen auch einen wichtigen Stellenwert einräumen. Unbewusst scheinen sie zu wissen, dass es sich bei dem Einstieg um einen Schlüsselmoment der gesamten Stunde handelt. Es wäre wünschenswert, wenn sie diese Erkenntnis in eigene Präsentationen, Referate etc. einbauten, um entsprechend die Neugier ihrer Mitschüler zu wecken und zu ihrem Thema hinzuführen.

3.3 Schlussfolgerungen

Durch die Prozesse des Planens, Durchführens und Evaluierens innerhalb der zu untersuchenden UE habe ich für meinen zukünftigen Unterricht wertvolle Einsichten gewinnen und vielseitige Erfahrungen sammeln können.

Gewiss kann man diese Einheit nicht vorbehaltlos in einem nächsten Geographiekurs unterrichten, ohne sie an die neue Lerngruppe, deren Vorkenntnisse sowie die gegebenen Rahmenbedingungen anzupassen. In der Gesamtbetrachtung hat sich das Konzept aber als tragfähig erwiesen. Hinsichtlich der Auswahl der Migrationstypen würde ich auf jeden Fall die Boat People beibehalten, da sich anhand der Thematik sehr anschaulich die für die Migration verantwortlichen Push- und Pull-Faktoren erarbeiten lassen. Zudem leistet dieser Typ aufgrund seiner Aktualität einen wichtigen Beitrag zur Partizipation am Weltgeschehen und seine Medienpräsenz stärkt den Lebensweltbezug für die Schüler. Die Einwanderung ausländischer Fachkräfte ist meines Erachtens ebenfalls ein Thema, welches im Geographieunterricht behandelt werden sollte, da aufgrund der demographischen Situation in der BRD eine Abhängigkeit von Hochqualifizierten aus dem Ausland besteht. Das Vermitteln dieses Tatbestands ermöglicht den Schülern zudem die zwei Betrachtungsweisen der Migration zu erkennen. Zum einen ist das Zielland auf den Brain Gain[50] angewiesen, zum anderen leidet das Herkunftsland unter dem Brain Drain. Die Vertreibung der Deutschen ist ein wichtiges Thema, über das die Schüler Wissen besitzen müssen. Allerdings stellt sich mir nach Abschluss der UE die Frage, ob die Thematik im Geschichtsunterricht nicht besser platziert wäre. Ich hatte im Rahmen der Einheit nur drei Unterrichtsstunden für diesen Sachverhalt zur Verfügung, was zeitlich knapp bemessen war. Zudem wurde das Thema losgelöst von den geschichtlichen Ereignissen behandelt, was ich im Nachhinein als kritisch erachte. Künftig müsste dieser Unterrichtsgegenstand in Absprache mit den Geschichtslehrern parallel zu dem Ende des Zweiten Weltkrieges in Geographie erarbeitet werden, was sich aufgrund der Lehrplanverteilung wiederum problematisch gestaltet[51]. Eine andere Variante wäre das konsequente Abgeben der Thematik an den Fachlehrer in Geschichte. Dies hätte zwei Vorteile. Zum einen ließe sich durch eine umfassende Behandlung in Geschichte ein entsprechender Lernzuwachs auf Schülerseite verzeichnen, zum anderen besäße ich im Fach Geographie die Möglichkeit, einen weiteren, zeitlich aktuelleren Migrationstyp zu unterrichten.

---

[50] Volkswirtschaftlicher Gewinn durch die Emigration qualifizierter Ausländer.
[51] „Die nationalsozialistische Gewaltherrschaft" und ihre Folgen sind Thema in 12.2.

Die Evaluation der Leitfragen ist für die Konzeption meiner künftigen Einheiten sehr hilfreich. Die Schüler messen den Eröffnungsphasen einen wichtigen Stellenwert bei, entsprechend sorgfältig werde ich diesen Aspekt weiterhin im Vorfeld planen, um den zahlreichen Funktionen gerecht zu werden. Es reicht nicht, der Lerngruppe das Thema der jeweiligen Stunde zu nennen, sie müssen es selbst mithilfe gut gewählter Medien erkennen, sodass ihr Interesse geweckt wird und sie durch findige Fragestellungen zum Kern der Stunde gelangen. Die Wahl der Medien werde ich von nun an noch gezielter vom Stundenthema abhängig machen. Im Vorfeld der durchgeführten UE war mir nicht bewusst, dass der Medientyp die Problematisierung dergestalt beeinflusst, dass sie entweder sachlicher oder emotionaler Natur ausfällt. Das Kurshalbjahr 12.2 beinhaltet mit seinen Themen erneut Inhalte, welche mithilfe eines affektiven Einstiegs sicherlich eine bessere Durchdringung ermöglichen. Ich denke hier u.a. an die Unterrichtsgegenstände „Welternährungslage" oder „Entwicklungspolitik".

4. LITERATURVERZEICHNIS

Budke, Alexandra (2007): Einstiege in Geographiestunden, in: Praxis Geographie 1/2007, S. 4-7.

Buske, Heinz-Günter (2007): Lernprozesse in Gang setzen – aber wie?, in: Praxis Geographie 9/2007, S. 58-63.

Deutsche Gesellschaft für Geographie (2007): Bildungsstandards im Fach Geographie für den Mittleren Schulabschluss – mit Aufgabenbeispielen. Berlin.

Greving, Johannes / Paradies, Liane (2007): Unterrichts-Einstiege. Ein Studien- und Praxisbuch. Frankfurt am Main: Cornelsen Verlag Scriptor.

Haubrich, Hartwig (2006): Geographie unterrichten lernen. München: Oldenbourg Schulbuch-verlag GmbH.

Lindau, Anne-Kathrin (2008): Vom Brain Drain zum Brain Gain, in: Geographie heute 261/262,   S. 69-75.

Meyer, Hilbert (2000): Unterrichtsmethoden. Frankfurt am Main: Cornelsen Verlag Scriptor 2. Praxisband.

Ministerium für Bildung und Frauen des Landes Schleswig-Holstein (2005): Informationen zum Vorbereitungsdienst für Lehrkräfte in Ausbildung. Kiel.

Ministerium für Bildung, Wissenschaft, Forschung und Kultur des Landes Schleswig-Holstein (2002): Lehrplan für die Sekundarstufe II Gymnasium, Gesamtschule für das Fach Erdkunde. Kiel.

Pädagogisches Zentrum Rheinland-Pfalz (2006): Zeugen der Zeit. Bad Kreuznach.

Rinschede, Gisbert (2007): Geographiedidaktik. Paderborn: Schöningh Verlag.

Terra global (2008): Flucht und Migration. Klett Verlag.

Wochenschau Sek. II (2007): Migration und Integration, Nr.6. Frankfurt/Main.

5. INTERNETVERZEICHNIS

Die Presse (2008): Flüchtlinge: Immer mehr Boatpeople stranden in Europa.

(http://diepresse.com/home/politik/aussenpolitik/435330/index.do?_vl_backlink=/home/index.do; Zugriff 08.01.2009)

Gebhardt, Marion / Schreyer, Franziska (2003): Green Card, IT-Krise und Arbeitslosigkeit, in: IAB Werkstattbericht, Ausgabe Nr. 7. (http://doku.iab.de/werkber/2003/wb0703.pdf; Zugriff 30.10.2008)

Kohnert, Dirk (2006): Afrikanische Migranten vor der „Festung Europa", in: GIGA Focus, Nr. 12.
(http://www.giga-hamburg.de/dl/download.php?d=/content/publikationen/pdf/gf_afrika_0612.pdf; Zugriff 13.12.2008)

Institut für Qualitätsentwicklung an Schulen Schleswig-Holstein: Fachspezifische Ausbildungsstandards Erdkunde/Wirtschaftsgeographie.

(*faecherportal.schleswig-holstein.de/links/materials/1150125145.doc; Zugriff 30.10.2008*)

Migration-Online (2008): Zahl der Boatpeople steigt: Dramatische Zahlen des **UNHCR.**

(http://www.migration-online.de/beitrag._aWQ9NjQ4MQ_.html; Zugriff 08.01.2009)

Reski, Petra (2003). Was vorbeji ist, ist vorbeji, in: Die Zeit, 13.11.2003, Nr. 47.
(http://hermes.zeit.de/pdf/archiv/2003/47/Vertriebene.pdf; Zugriff 30.10.2008)

UE2008.fr: Zweite Ministerkonferenz EU-Afrika zu Migration und Entwicklung.
(http://www.ue2008.fr/PFUE/lang/de/accueil/PFUE-11_2008/PFUE-25.11.2008/_conference_de_paris_sur_la_migration_et_le_developpement; Zugriff 13.12.2008)

Video „Departure from Cameroon"
(http://194.162.230.14/videos/IOM/1228Info_Campaign_TV_Spot_Eng.wmv; Zugriff 30.10.2008)

Video „Migrant boat landings in Malta"
(http://de.youtube.com/watch?v=uU4sNq7hdgY; Zugriff 30.10.2008)

Zentrum gegen Vertreibung (http://www.z-g-v.de/aktuelles/?id=56; Zugriff 13.12.2008)